Sitzungsberichte
der Akademie der Wissenschaften
der DDR

24 N

Mathematik – Naturwissenschaften – Technik

1982

Forker/Worch/Rahner/Schatt

Einheitliche modelltheoretische Betrachtungen von Vorgängen bei der Metallkorrosion

AKADEMIE-VERLAG · BERLIN

Sitzungsberichte
der Akademie der Wissenschaften
der DDR
Mathematik — Naturwissenschaften — Technik

Jahrgang 1982 · Nr. 24/N

Forker/Worch/Rahner/Schatt

Einheitliche modelltheoretische Betrachtungen von Vorgängen bei der Metallkorrosion

AKADEMIE-VERLAG · BERLIN
1983

Vortrag vor der Klasse Werkstoffwissenschaft am 3. Dezember 1981 von
Prof. Dr. Wolfgang Forker, Dr. Hartmut Worch,
Dr. Dietmar Rahner und Akademiemitglied
Werner Schatt, Technische Universität Dresden

Herausgegeben im Auftrage
des Präsidenten der Akademie
der Wissenschaften der DDR
von Vizepräsident Prof. Dr. Heinrich Scheel

ISSN 0138-3956
Erschienen im Akademie-Verlag, DDR-1086 Berlin, Leipziger Str. 3—4

Lizenznummer: 202 · 100/53/83
Printed in the German Democratic Republic
Gesamtherstellung: VEB Druckhaus Köthen
LSV 3015
Bestellnummer: 763 184 6 (2010/82/24/N)
DDR 4,50 M

Vor etwa 20 Jahren hat D. A. VERMILYEA, einer der bekanntesten Korrosionsforscher, den damaligen Erkenntnisstand der Grundlagenforschung zur Korrosion der Metalle wie folgt formuliert: „Wir kennen bis heute noch keine Prinzipien, die uns erlauben, das Verhalten eines gegebenen (neu entwickelten) Werkstoffs in einer bestimmten Situation vorauszusagen.“ Die Ursache hierfür ist in der Vielfalt der Erscheinungsformen der Korrosion, in der großen Zahl zu beachtender metall- und mediumseitiger Einflußfaktoren sowie im Fehlen experimenteller Methoden zur direkten Beobachtung der realen Strukturen und Vorgänge im atomaren Bereich zu suchen. Trotz umfangreicher chemischer, elektrochemischer und grenzflächenphysikalischer Experimentaluntersuchungen existiert für die Metallkorrosion auch heute noch keine umfassende modelltheoretische Basis. Eine solche aber ist unabdingbare Voraussetzung für die Weiterentwicklung bekannter oder aber auch Ableitung neuer Varianten des Korrosionsschutzes.

Unsere Vorstellungen von der aktiven Metallauflösung beruhen vorrangig auf den Arbeiten von z.B. BOCKRIS, HEUSLER und LORENZ [1–8]. Durch die Anwendung dynamischer elektrochemischer Methoden [8, 9] gelang es, auch Aussagen über nichtstationäre Vorgänge zu erhalten und diese mechanistisch zu deuten.

Sehr lückenhaft ist der Stand der Erkenntnis über die Passivität der Metalle, also jene Erscheinung, derzufolge sich Metalle oder Legierungen in Elektrolytlösungen mit meist oxidischen, porenfreien Schichten überziehen und die Metallauflösung vernachlässigbar klein wird. Aus empirischen Untersuchungen sind bei einer ganzen Reihe von Metallen und Legierungen zwar die Voraussetzungen bekannt, unter denen sich Passivschichten ausbilden, die Wirkung einzelner Legierungselemente kennen wir jedoch nur global. So wissen wir zwar, daß z. B. dem Eisen etwa 13% Chrom zulegiert werden müssen, damit es unter atmosphärischen Bedingungen nicht rostet. Unklar bleibt hingegen, warum es gerade 13% sein müssen. Diese Frage ist deshalb so bedeutend, weil aus Gründen der Rohstoffeinsparung solche Elemente gesucht werden müssen, die billig sind und den Passivzustand schon bei niedrigen Gehalten gewährleisten oder den Rostvorgang zumindest stark hemmen. Dazu sind genaue Kenntnisse über das Rosten erforderlich. Beim Rostvorgang laufen außerordentlich komplizierte physikalische, chemische und/oder elektrochemische Prozesse ab, über deren Zusammenwirken bis heute nur wenig sicheres Wissen existiert.

In engem Zusammenhang mit der Passivität der Metalle stehen selektive Korrosionserscheinungen, wie die interkristalline Korrosion, die Lochfraß- und Spannungsrißkorrosion. Während die Ursachen der interkristallinen Korrosion im wesentlichen als geklärt gelten, ist dies bei der Lochfraß- und Spannungsrißkorrosion keineswegs der Fall. Beide Erscheinungen treten oftmals in Gegenwart von Halogenidionen auf, jedoch sind auch Schadensfälle in Sulfat-, Perchlorat- und Nitratlösungen bekannt. Bei Legierungen gehen diese gefährlichen und deshalb gefürchteten Korrosionsarten vielfach von nichtmetallischen Ausscheidungen (z.B. Sulfiden, Oxiden) aus, aber sie treten auch an reinen Metallen auf. Insbesondere wegen der steigenden Anforderungen an die Lebensdauer der Werkstoffe bedarf es dringend einer Klärung der Vorgänge, die den lokalen Angriff einleiten. Für ein besseres Verständnis und eine einheitlichere Erfassung der genannten, scheinbar ganz unterschiedlichen Korrosionsvorgänge ist eine Betrachtungsweise notwendig, die es erlaubt, die Vielfalt der Erscheinungen auf einen gemeinsamen Ursachenkomplex zurückzuführen. Dazu ist neben der Morphologie der Metalloberfläche in stärkerem Maße als bisher auch die Nahordnungsstruktur des angreifenden Mediums zu berücksichtigen. Der Korrosionsvorgang stellt sich dann als eine Wechselwirkung zwischen merklich unterschiedlich geordneten Phasen dar und reduziert sich neben dem eigentlichen Metallionendurchtritt letztendlich auf zwei entscheidende Elementarprozesse: den partiellen Ladungsübergang zwischen adsorbierten Lösungsbestandteilen und den Oberflächenmetallatomen sowie — eng damit verbunden - den Protonentransfer zwischen Lösungsbestandteilen und den Adsorptions- bzw. Oxidschichten. Über diesbezügliche Vorstellungen und ihre Verknüpfung mit elektrochemisch-kinetischen Aspekten soll im folgenden hauptsächlich berichtet werden.

1. Modell der Phasengrenzschicht Metall/Elektrolytlösung

Die Strukturen von Phasengrenzschichten Metall/wäßrige Elektrolytlösung sind noch nicht ausreichend genau bekannt. Die der Metalloberfläche unmittelbar anhaftende Wasserschicht wird gegenwärtig meist als eine lückenlose Aneinanderreihung von adsorbierten Einzelmolekülen oder Aggregaten von zwei bis drei Molekülen unterschiedlicher Dipolorientierung angesehen [10-20]. Abweichend davon soll den vorliegenden Erörterungen eine Nahordnungsstruktur der Elektrolytlösung zugrunde gelegt und die Struktur der lösungsseitigen Grenzschicht als eine davon mehr oder weniger durchgreifende Modifizierung infolge der Wechselwirkung mit der Metalloberfläche angesehen werden. Hinweise für eine solche Auffassung ergeben sich z.B. auch aus infrarot- und ramanspektroskopischen Messungen [21-23].

Die bisherigen experimentellen Ergebnisse zur Struktur des flüssigen Wassers weisen darauf hin, daß jedes Wassermolekül im Mittel von 4,4 bis 4,9 Nachbarn umgeben ist. In jedem Wassermolekül liegt eine tetraedrische Ladungsverteilung vor, so daß sich bei Anlagerung weiterer Wassermoleküle über Wasserstoffbrückenbindungen Wassertetraeder formieren können. Faßt man die Wassertetraeder als kleinste Struktureinheit auf, dann lassen sich mit ihnen fast alle diskutierten Modelle zur Struktur des flüssigen Wassers entwickeln. Ob dabei eine Clusterstruktur oder eine Kontinuumsstruktur gebildet wird, kann gegenwärtig nicht endgültig beantwortet werden.

Je nach der Wechselwirkung zwischen Metalloberfläche und Elektrolytlösung können in der Phasengrenzschicht prinzipiell die im Inneren der Lösung vorhandenen Strukturen erhalten bleiben oder energetisch günstigere Anpas-

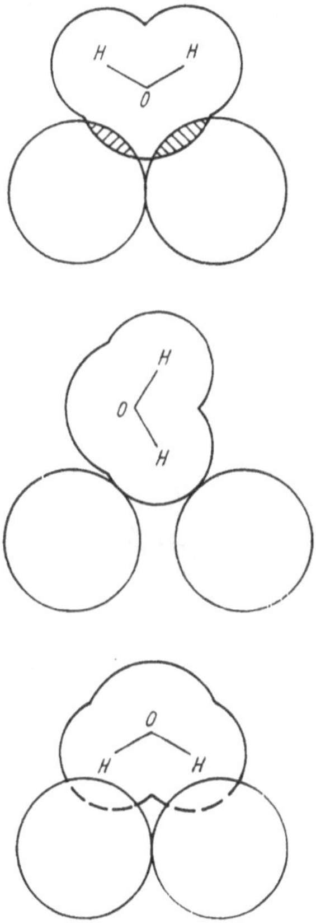

Abb. 1 Adsorption des Wassers auf der Metalloberfläche mit Bindungen
a) über Sauerstoff
b) über ein H-Atom
c) über zwei H-Atome

sungen eintreten. Bestimmend hierfür sind die Art des Metalles, seine Oberflächenbeschaffenheit (Orientierung der Kornschnittflächen, Art und Konzentration von Gitterstörstellen) und die Elektrolytzusammensetzung (Art und Konzentration von Ionen und anderer Lösungsbestandteile).

Es wird angenommen, daß die Bindung des Lösungsmittels Wasser in der Grenzschicht nach zwei Hauptprinzipien erfolgt. Einerseits werden Wasserdipole auf eine durch die Struktur der Metalloberfläche geordnete Weise an die Oberflächenatome des Metalls angelagert und aus energetischen Gründen vorzugsweise in Muldenlagen gebunden.

Dabei können die Wasserdipole z. B. mit den in Abb. 1 gezeigten drei Orientierungen adsorbieren. Andererseits werden die Molekülassoziate des flüssigen Wassers in Abhängigkeit von der Wechselwirkung Metalloberfläche/Elektrolytlösung weitgehend erhalten bleiben oder verändert werden. Bei schwacher Wechselwirkung ist mit Strukturerhalt (Abb. 2a), bei starker mit Strukturänderungen zu rechnen (Abb. 2b). Eine stärkere Wechselwirkung zwischen

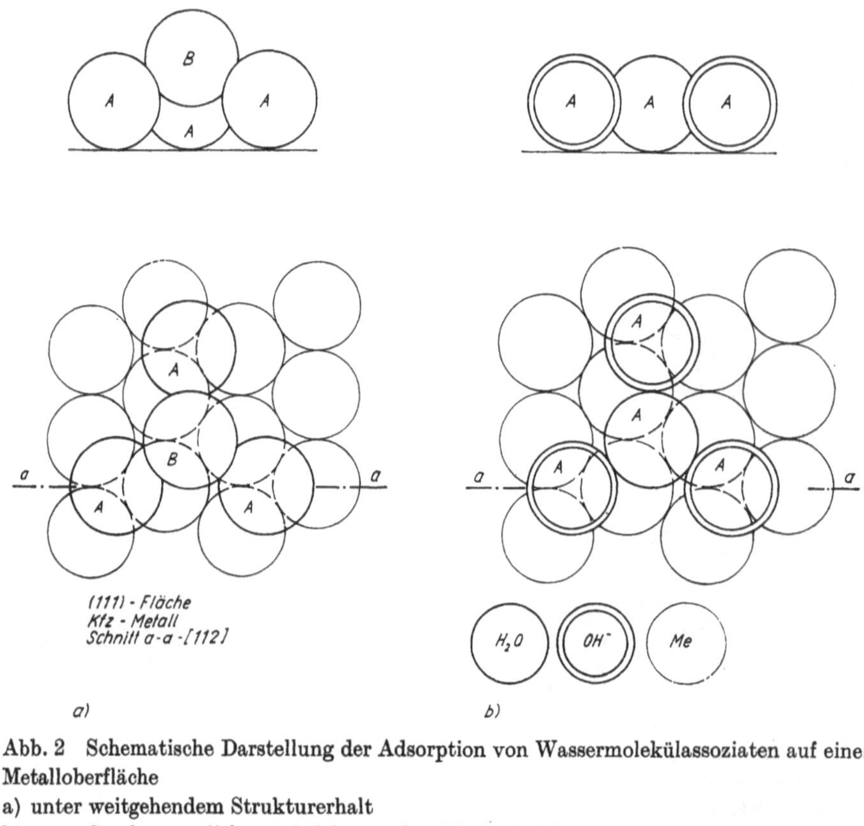

Abb. 2 Schematische Darstellung der Adsorption von Wassermolekülassoziaten auf einer Metalloberfläche
a) unter weitgehendem Strukturerhalt
b) unter Strukturverdichtung infolge starker Wechselwirkung

Metalloberfläche und Lösung führt dazu, daß ein größerer Teil der Wassermoleküle als im Inneren der Lösung unter Bildung von Hydroxidionen dissoziiert. Die Wassertetraeder rücken zusammen und formieren sich zu dichteren Strukturen (Abb. 3). In der Kristallographie ist dafür der Ausdruck „Zusammenrollen" gebräuchlich. So können sich auf diese Weise kubische ABC- oder auch hexagonale ABAB-Stapelfolgen ergeben. Die Struktur ist zunächst offen, wird aber mit zunehmender Wechselwirkung und Erhöhung der Hydroxidionenkonzentration durch weiteres „Zusammenrollen" verdichtet.

Den nachfolgenden Überlegungen ist das in Abb. 4 wiedergegebene Prinzipmodell zugrunde gelegt, das eine schematische Darstellung der ersten Lagen adsorbierter Wassermoleküle auf einer Metalloberfläche unter Berücksichtigung obiger Einflüsse beinhaltet.

Die Kationen Me^{z+} befinden sich - in Übereinstimmung mit den gegenwärtigen Vorstellungen zur elektrochemischen Doppelschicht - in der äußeren Helmholtzschicht. Ihr Abstand von der Metalloberfläche ist bei stärkerer Dissoziation des Wassers in der inneren Helmholtzschicht kleiner und bei schwächerer Dissoziation größer. Im Wasser vorhandene Anionen und Neu-

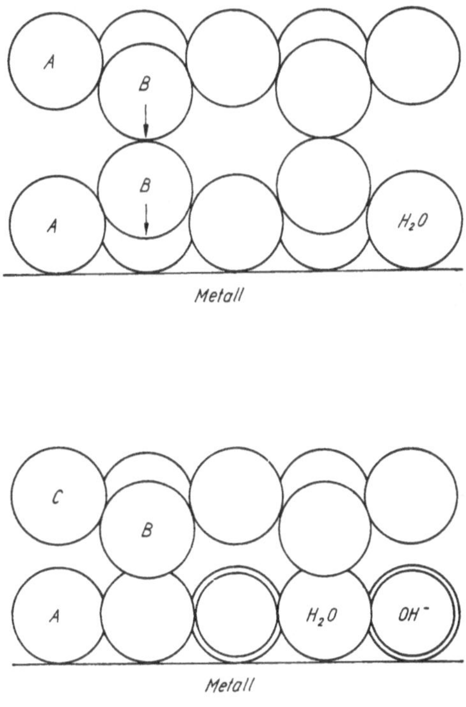

Abb. 3 Schematische Darstellung zur Verdichtung der Nahordnungsstruktur des Wassers bei Adsorption an einer Metalloberfläche

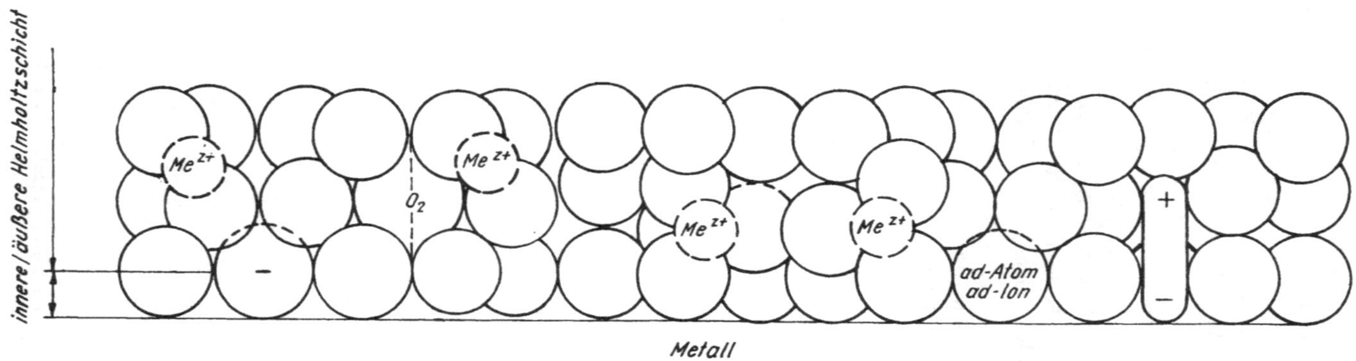

Abb. 4 Modell der elektrochemischen Doppelschicht

tralteilchen (z.B. gelöster Sauerstoff, Dipolmoleküle) können je nach ihrer Größe auf Zwischengitterplätzen eingelagert sein. Die Anreicherung einer Partikelart S^z mit der Ladung z in der inneren Helmholtzschicht infolge elektrostatischer oder kovalenter Bindung an der Metalloberfläche (spezifische Adsorption) wird für ein Anion und ein Dipolmolekül gezeigt. Bei einer chemischen Bindung ist ein partieller Elektronenaustausch mit dem Metall möglich.

Im linken und rechten Teil der Abb. 4 wurde davon ausgegangen, daß durch die Wechselwirkung zwischen der Metalloberfläche und der Elektrolytlösung die tetraedrische Ladungsverteilung in den Wassermolekülen im wesentlichen erhalten bleibt. Der mittlere Teil der Abb. 4 verdeutlicht eine dichtere Kugelpackung als die der Wasserstruktur.

2. Allgemeine Grundvorstellungen zur Metallkorrosion in Elektrolytlösungen

Über experimentelle und theoretische Aspekte dieser Problematik ist in neuerer Zeit z.B. von KOLOTYRKIN [24] zusammenfassend berichtet worden. Im folgenden sollen Modellbetrachtungen wiedergegeben werden, die in Fortführung früherer Beiträge [25–29] durch Verknüpfung morphologischer mit elektrochemisch-kinetischen Vorstellungen eine einheitliche Erfassung von Prozessen der Metallkorrosion anstreben und insbesondere auch den Einfluß von Anionen zum Gegenstand haben.

Bei der Auflösung eines Metalls in einer wäßrigen Elektrolytlösung gehen Metallionen von der Metallphase in die benachbarte Lösungsphase über. Die auf dem Metall zurückbleibenden überschüssigen Elektronen müssen entweder in einen äußeren Stromkreis abgeführt oder von einem Elektronenakzeptor X_O (Oxydationsmittel), z.B. $H^+ \cdot aq$, $O_2 \cdot aq$ oder $Me_xO_y(s)$, aufgenommen werden. Insgesamt sind somit zwei simultane Reaktionen zu betrachten [30]:

$$Me^{z+} \text{ (Metalloberfläche)} \rightarrow Me^{z+} \cdot \text{solv} \tag{1a}$$

$$X_O \text{ (Oxydationsmittel)} + ze^- \rightarrow X_R \text{ (Reduktionsmittel)} \tag{1b}$$

Die Geschwindigkeiten der Reaktionen (1a) und (1b) hängen u.a. von der elektrischen Potentialdifferenz zwischen Metall und Elektrolytlösung ab und können durch eine äußere Spannungsquelle variiert werden. Im außenstromlosen Fall müssen zur Aufrechterhaltung der Elektroneutralität die stationären Geschwindigkeiten beider Reaktionen gleich groß sein, was die Einstellung eines bestimmten Mischpotentials bedingt.

Für die Metallauflösung durch eine auf der Metalloberfläche aufgewachsene Deckschicht, z.B. Me^+A^- (A^--Anion), mit Ionencharakter gilt ein ähnliches Reaktionsschema:

$$Me^+ \text{ (Metalloberfläche)} \rightarrow Me^+ \text{ (Deckschicht)} \rightarrow Me^+ \cdot \text{solv.} \tag{2a}$$

$$A^- \cdot \text{solv} \rightarrow A^- \text{ (Deckschicht)} \tag{2b}$$

Die Reaktionen (1a) bis (2b) sind elektrochemische Durchtrittsreaktionen, deren Geschwindigkeitsgleichungen entsprechend den allgemeinen Gesetzmäßigkeiten der elektrochemischen Kinetik formuliert werden können [31, 32].

Im einzelnen besteht die aktive Metallauflösung in dem Platzwechsel eines Metallions von einem Oberflächenzustand des Metalls auf eine Position in der lösungsseitigen Phasengrenzschicht. Damit verbunden ist ein Wechsel der Liganden des Metallions. Seine nächsten Nachbarn im Oberflächenzustand sind auf der einen Seite die Bausteine der Metallphase, auf der anderen Seite adsorbierte Wassermoleküle und deren Dissoziationsprodukte sowie gegebenenfalls weitere spezifisch adsorbierte Moleküle oder Ionen. Im Inneren der Lösung sind die Metallkationen schließlich allseitig von Lösungskomponenten umgeben, z. B. im Falle der meisten Übergangsmetalle in genügend sauren Lösungen mit sechs H_2O-Molekülen.

Beim Übergang von der Metalloberfläche in die Lösung durchläuft das Metallion eine Folge wechselnder Koordinationen innerhalb der Nahordnungsstruktur der Trennschicht zwischen Metall und Lösungsinnerem. Diesbezügliche Nahordnungsstrukturen werden bereits von den Lösungskomponenten allein gebildet, können sich aber auch zu festen Deckschichten, z. B. Oxidschichten $Me^{2+}O^{2-}$, verdichten. Im letzteren Fall bedarf die Wiederauflösung wie auch die Bildung der Trennschicht der Mitwirkung von Wasserstoffionen nach

$$O^{2-}\,(\text{Deckschicht}) + H^{+}\cdot \text{solv} \rightarrow OH^{-}\,(\text{Deckschicht}) \tag{3a}$$

$$OH^{-}\,(\text{Deckschicht}) + H^{+}\cdot \text{solv} \rightarrow H_2O, \tag{3b}$$

da freie O^{2-}-Ionen in einer wäßrigen Lösung praktisch nicht existieren.

Der Bruttovorgang des Metallionenausbaus aus der Metalloberfläche gemäß (1a) verläuft ähnlich wie die Sublimation in konsekutiven Teilschritten. Für den Vorgang der Sublimation ins Vakuum wird meist die Schrittfolge [33]

$$\text{Me(kink)} \rightarrow \text{Me(Kante)} \rightarrow \text{Me(ad-Lage)} \rightarrow \text{Me(Vakuum)}$$

mit kink $\triangleq$ Halbkristallage angenommen, wobei für hinreichend große Konzentrationen an Halbkristallagen der letzte Schritt die Geschwindigkeit bestimmt. Diese ist dann unabhängig von der Defektstruktur der Oberfläche.

Abweichend davon muß man annehmen, daß bei der anodischen Auflösung des Metalls die einer Halbkristallage benachbarten Adsorptionsplätze in der Regel zunächst von Lösungskomponenten, z. B. H_2O oder OH^-, blockiert werden. Deren Verdrängung bei der Bildung von *ad*-Metallatomen würde nicht nur ihre Desorption, sondern auch anschließende Platzwechselvorgänge der Teilchen in der relativ starren Nahordnungsstruktur der Phasengrenzschicht erfordern. Dieser Umstand macht es wahrscheinlich, daß in vielen Fällen der direkte Übergang von Metallionen aus einer Halbkristallage in eine benachbarte Position in der Phasengrenzschicht gemäß

$$Me^{z+}(\text{kink}) \rightarrow Me^{z+}(\text{Grenzschicht}) \tag{4}$$

bevorzugt wird. Im folgenden sollen einige Aspekte dieses Teilschrittes näher diskutiert werden.

Es ist seit langem bekannt, daß die Geschwindigkeit der Metallauflösung vom Elektrodenpotential abhängt. Untersuchungen an einer Vielzahl von Systemen Metall/Elektrolytlösung lassen erkennen, daß die Strom-Potential-Beziehungen nicht selten aus einer Überlagerung mehrerer Durchtrittsreaktionen der Art (1) und (2) resultieren. In Abhängigkeit von den Austauschstromdichten und den Durchtrittsfaktoren dieser Teilreaktionen kann eine Positivierung des Elektrodenpotentials sowohl zu einem Anstieg als auch Abfall der Auflösungsstromdichte führen (Abb. 7). Zum Beispiel ist der mit zunehmender anodischer Polarisation beobachtete Anstieg der Eisenauflösungsgeschwindigkeit in der Nähe des Ruhepotentials durch den geschwindigkeitsbestimmenden Fe^{2+}-Ionen-Durchtritt bestimmt. Die Bildung von O^{2-}-Ionen in der Grenzschicht ist noch nicht wahrscheinlich. Der weitere Verlauf der anodischen Strom-Potential-Kurve weist dann jedoch in qualitativer wie quantitativer Hinsicht je nach Metallart und angrenzendem Medium eine große Mannigfaltigkeit auf, für die es noch keine einheitliche und umfassende modelltheoretische Basis gibt. Die folgende Diskussion von Interpretationsmöglichkeiten hat insbesondere den Einfluß des pH-Wertes und von Anionen zum Gegenstand. Hierbei werden auch Aspekte der Oberflächenmorphologie einbezogen.

Erfahrungsgemäß löst sich z. B. Eisen in reinem entlüftetem Wasser sehr langsam auf. Kleine Zusätze von NaOH unter Beibehaltung des Elektrodenpotentials erhöhen die Auflösungsgeschwindigkeit beträchtlich. Eine analoge Wirkung wird beobachtet, wenn die Lösung andere Teilchenarten z. B. „aggressive" Anionen, enthält, die die „Reduktion" der Eisen-Oberflächenionen begünstigen. Dieser Sachverhalt läßt sich einheitlich durch einen partiellen Ladungsübergang

$$Me^{z+}(\text{kink}) + X^-_{ad} \rightleftharpoons Me^{(z-\gamma)+}(\text{kink}) + X^{(1-\gamma)-}_{ad} \tag{5}$$

beschreiben [27, 28], der dem Übergang von Me^{z+}-Ionen von der Halbkristallage in den aktivierten Komplex der Durchtrittsreaktion entspricht; die Bildung des letzteren erfolgt hier viel häufiger als beim Ausbau von Me^{z+} aus der Halbkristallage. Dies kann wegen der geringeren Austrittsarbeit von $Me^{(z-\gamma)+}$-Ionen gegenüber Me^{z+}-Ionen erwartet werden.

In Übereinstimmung damit kann die Herabsetzung der Auflösungsgeschwindigkeit eines Metalls bei Zusatz inhibierender Substanzen durch die Annahme einer Behinderung des partiellen Elektronenübergangs in das Elektronen-Oberflächengas des Metalls bzw. eine Erhöhung der positiven Ladung des durchtretenden Metallions im aktivierten Komplex verstanden werden.

Dem Metallionendurchtritt ist in jedem Falle die Adsorption von H_2O-Molekülen vorgelagert. Die Bindung der Wassermoleküle an die Metalloberfläche erfolgt über die Wechselwirkung der freien Elektronenpaare des Wassers mit dem Oberflächenelektronengas des Metalls.

In Abb. 5 ist ein Schnitt durch eine Halbkristallage eines kubisch-flächenzentrierten Metalls dargestellt. Das dort befindliche Metallatom hat weniger nächste Nachbarn als ein Atom im Volumen und verfügt deshalb über eine größere Zahl von „freien" Orbitalen, die mit einem Wassermolekül in Wechselwirkung treten können. Die Folge davon ist einerseits eine Lockerung dieses Metallatoms und andererseits eine Schwächung der OH–Bindung im H_2O-

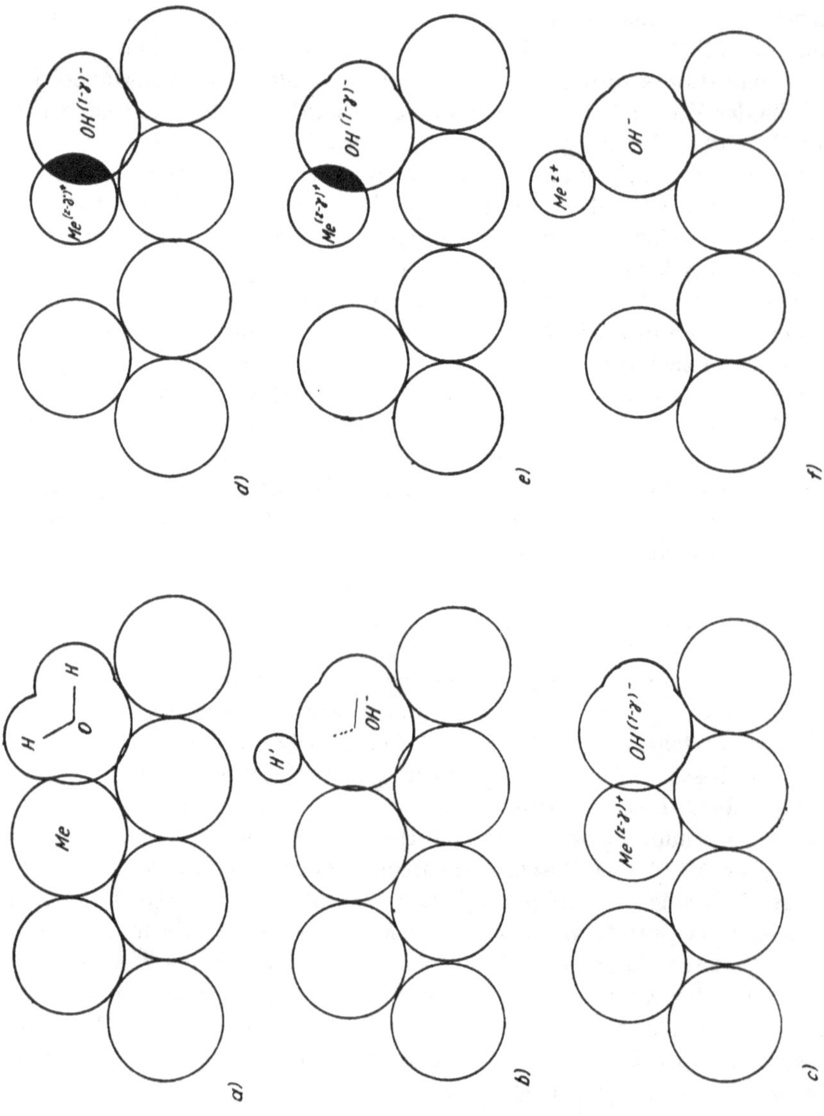

Abb. 5 Schematische Darstellung zur Dissoziation eines Wassermoleküls an einer Halbkristallage mit partiellem Ladungsübergang und anschließendem Metallionendurchtritt

Molekül, d.h. eine Vergrößerung der Dissoziationskonstante des Wassers gegenüber dem Lösungsinneren.

Wenn ein Metall in Abwesenheit von stimulierenden und inhibierenden Lösungszusätzen bei einem Potential im Aktivbereich aufgelöst wird, dann wird der Anteil von $Me^{(z-\gamma)+}$-Ionen in der Oberfläche durch die Zahl der den Oberflächenatomen nächstbenachbarten H_2O_{ad}- bzw. OH^-_{ad}-Spezies bestimmt, entsprechend der Formel $[Me^{(z-m\gamma)+} (H_2O)_n(OH)^{(1-\gamma)-}_m]_{kink}$. Der Bedekkungsgrad für $OH^{(1-\gamma)-}_{ad}$ kann von 0 bis 1 variieren. Er ist in diesen Grenzen um so größer, je größer der pH-Wert und je positiver das Elektrodenpotential ist. Für konstantes m wird dementsprechend auch häufig ein Anstieg der Auflösungsgeschwindigkeit mit dem pH-Wert und dem Elektrodenpotential beobachtet.

Bei Zusatz von Anionen, z.B. Cl^- oder SO_4^{2-}, kann die Konzentration der $Me^{(z-\gamma)+}$-Ionen in der Metalloberfläche in der einen oder anderen Richtung verschoben werden. Bei relativ kleinen Anionenkonzentrationen sollte man nur eine geringfügige Änderung der $Me^{(z-\gamma)+}$-Konzentration erwarten, da der Ausbau der Metallionen sowie die Einstellung des Adsorptions- und Dissoziationsgleichgewichtes des Wassers viel rascher erfolgen wird als die Adsorption der Anionen. Bei hinreichend hohen Anionenkonzentrationen hingegen wird die Konzentration an $OH^{(1-\gamma)-}_{ad}$-Ionen und damit $Me^{(z-\gamma)+}$-Ionen in der Oberfläche wesentlich durch das Adsorptionsgleichgewicht der Anionen bestimmt.

Die Adsorption eines Anions kann direkt an der Metalloberfläche (spezifische Adsorption) oder an der ersten Wasseradsorptionsschicht erfolgen. Generell verursacht sie elektrostatische Wechselwirkungen mit den $[Me^{(z-\gamma)+}OH^{(1-\gamma)-}]_{kink}$ Gruppierungen (Abb. 6a). Dieser Zwangssituation kann das System ausweichen, indem je nach Position des adsorbierten Anions entweder eine Protonierung der dem Anion benachbarten $OH^{(1-\gamma)-}_{ad}$-Spezies zu H_2O_{ad} (äquivalent einer Verkleinerung der Dissoziationskonstante des $H_2O)_{ad}$ induziert wird (Abb. 6b) oder indem der partielle Elektronenübergang von OH^-_{ad}-Ionen auf ein Atom in der Halbkristallage erschwert (Abb. 6c) oder gefördert (Abb. 6d,e) wird. In letzterem Fall kann mit einer Beschleunigung der Metallionen-Durchtrittsreaktion gerechnet werden, weil die positive Ladung des Metallions im Übergangszustand vermindert wird. Dies ist insbesondere auch bei Adsorption der Anionen an der ersten Wasseradsorptionsschicht (Abb. 6e) zu erwarten und setzt somit nicht notwendig eine spezifische Anionenadsorption voraus. Umgekehrt können die beiden anderen oben erwähnten Situationen zu einer Inhibierung des Metallionendurchtritts führen. Entscheidend dafür ist unter anderem die lokale elektrische Feldstärke an der Peripherie des adsorbierten Anions.

Nach diesem Modell wird die Auflösungsgeschwindigkeit eines Metalls in einer wäßrigen Elektrolytlösung somit prinzipiell bestimmt von 1. dem Ladungszustand der Metallionen im Übergangszustand der Durchtrittsreaktion, 2. der

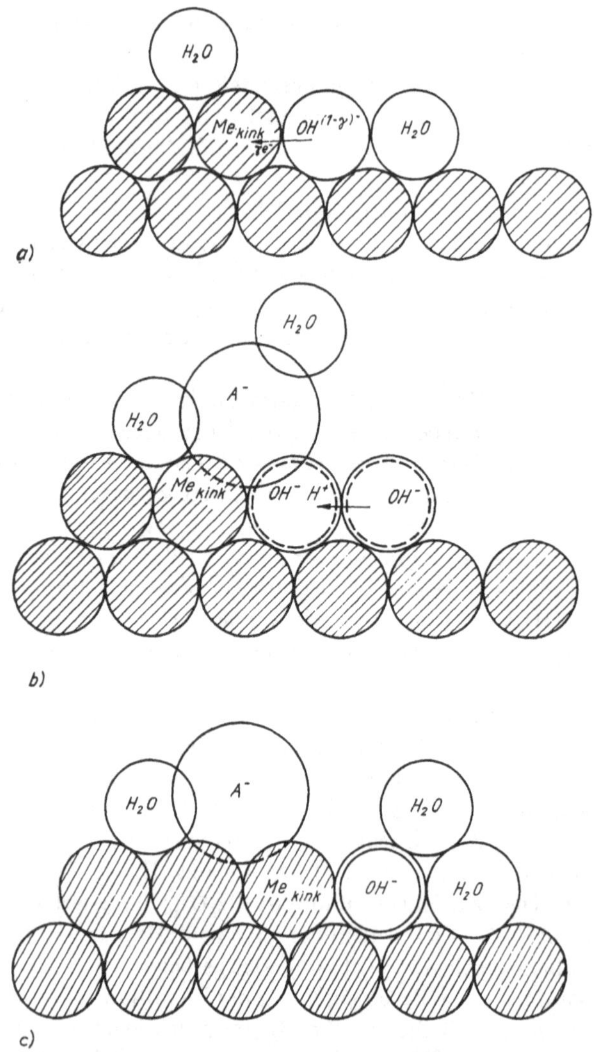

Abb. 6 Schematische Darstellung zur Wirkung adsorbierter Anionen auf die Wasserdissoziation und den partiellen Ladungsübergang

Position und Induktionswirkung der adsorbierten Anionen und 3. der Konzentration der Anionen, die für die Häufigkeit des Auftretens von $[Me^{(z-m\gamma)+} \cdot (H_2O)_n(OH)_m^{(1-\gamma)-} A_j^-]_{kink}$-Gruppierungen an der Metalloberfläche entscheidend ist.

Der Durchtritt von Metallkationen in die Lösung kann auch infolge ihrer direkten Wechselwirkung mit Anionen beeinflußt werden. Dies wird immer

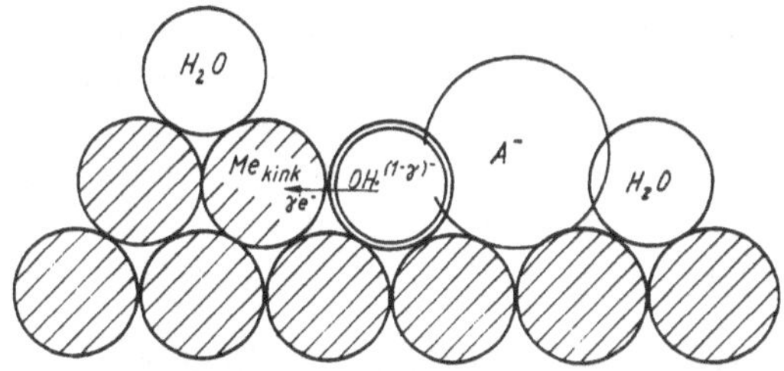

d

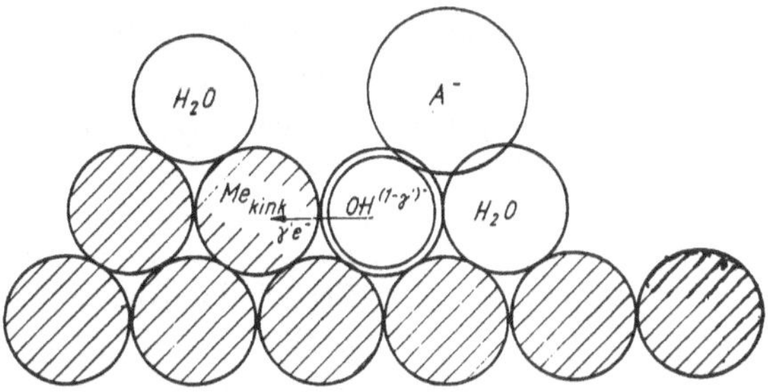

e

$\gamma' > \gamma$

dann der Fall sein, wenn die Anionen selbst am Aufbau des aktivierten Komplexes der Durchtrittsreaktion beteiligt sind und damit das Maximum der freien Standardenthalpie des Übergangszustandes unmittelbar mitbestimmen. Obgleich in letzterem Zustand eine von den vergleichbaren stabilen Komplexen in der Lösungsphase mehr oder weniger abweichende Zusammensetzung vorliegt, kann doch beobachtet werden, daß die kinetische Wirksamkeit von Anionen (oder auch Molekülen) häufig mit ihrer Neigung zur Komplexbildung in Lösung symbat läuft. Dabei führt die Bildung löslicher Komplexe zu einer Erhöhung der Metallauflösungsgeschwindigkeit, während schwer lösliche Komplexe den Metallionendurchtritt infolge Blockade von Oberflächenstellen behindern.

Hinreichend positive Potentiale bewirken bei zahlreichen Metallen eine Verdichtung der Nahordnungsstruktur der Trennschicht Metall/Lösung unter Bildung mehr oder weniger gestörter Oxidhydratstrukturen mit variablen Gehalten an H_2O_{ox}, OH^-_{ox}-Ionen und O^{2-}_{ox}-Ionen. Sie bestimmen in unterschiedlicher Weise die Stabilität und damit die Barrierewirkung der Schicht gegenüber der Metallauflösung.

Der Wiederabbau dieser Schicht durch unmittelbaren Übergang von O^{2-}-Ionen in die Lösung ist sehr unwahrscheinlich, da O^{2-}-Ionen in wäßrigen Lösungen praktisch nicht existenzfähig sind. Vielmehr darf angenommen werden, daß der Schichtabbau bevorzugt über den Ausbau von locker gebundenen OH^-_{ox}-Ionen in Halbkristallagen erfolgt, die einerseits stets schon partiell vorhanden sind und andererseits durch Anlagerung eines H^+-Ions an O_{ox}^{2-}-Ionen gebildet werden. Parallel mit den OH^--Ionen verlassen benachbarte Metallkationen die Schicht. Desweiteren können OH_{ox}^--Ionen mit einem weiteren H^+-Ion (bzw. O_{ox}^{-2}-Ionen mit zwei H^+-Ionen) unter Bildung von H_2O_{ox} assoziieren. Dieser Fall ist insbesondere in stärker sauren Lösungen zu erwarten und führt zum Zusammenbruch und zur Auflösung des Deckschichtgitters.

Ausgehend von diesen Vorstellungen sollte auch die Wirkung von Anionen (oder auch neutralen Molekülen) auf den Schichtabbau als eine Beeinflussung des Protonentransfers in die Schicht verstanden werden können. Infolge elektrostatischer (eventuell auch chemischer) Wechselwirkungen ist das adsorbierte Anion bestrebt, elektrisch positiv geladene Teilchen mitzuführen und benachbarte negative Ladungen zu kompensieren. Dies führt zum Protonentransfer in Richtung O_{ox}^{2-}-Ionen und OH_{ox}^--Ionen, wodurch OH_{ox}^--Ionen bzw. H_2O_{ox} gebildet werden, was einer lokalen Umwandlung des Oxidgitters in Richtung Oxidhydrat bzw. Hydroxid bzw. einem Zerfall des Gitters gleichkommt (s. Abb. 11 und 12).

3. Kinetik der Metallauflösung

3.1. Verallgemeinerte Ansätze

Unter Berücksichtigung der oben dargelegten Faktoren kann eine verallgemeinerte Stromdichte-Potential-Korrelation für die Metallauflösung formuliert werden, aus der für verschiedenste Situationen Daten von charakteristischen kinetischen Parametern abgeleitet werden können. Für eine Metalloberfläche $[Me(H_2O)_n(OH^-)_m A_j^-]_{kink}$ mit adsorbierten H_2O-, OH^-- und A^--Spezies ergibt sich für die Stromdichte i des Ausbaus von Metallionen aus Halbkristallagen näherungsweise

$$i = \sum_n \sum_m \sum_j k_{n,m,j} \Gamma_{n,m,j} \exp\left[\frac{\alpha_{n,m,j} z'_{n,m,j} FU}{RT}\right], \tag{6}$$

wenn die Rückreaktion vernachlässigt wird. In Gl. (6) bedeuten $\Gamma_{n,m,j}$ die Konzentrationen an Oberflächenatomen in Halbkristallagen mit n, m, j H_2O, OH^- bzw. A^- als nächste Nachbarn, $k_{n,m,j}$ die entsprechenden Geschwindigkeitskonstanten, $z'_{n,m,j} = z - m\gamma$ die effektiven Kationenladungen im Übergangszustand der Durchtrittsreaktion, $\alpha_{n,m,j}$ die entsprechenden Durchtrittsfaktoren und U das Elektrodenpotential.

Ist die Gesamtkonzentration Γ_{kink} an Halbkristallagen in der Metalloberfläche bekannt, so erhält man für $\Gamma_{n,m,j}$ die Gleichung

$$\Gamma_{n,m,j} = \Gamma_{kink} \cdot \Theta_{H_2O}^n \, \Theta_{OH}^m \, \Theta_A^j \tag{7}$$

wobei Θ_{H_2O}, Θ_{OH} und Θ_A die entsprechenden Bedeckungsgrade sind.

Die Konzentration an Halbkristallagen hängt von verschiedenen Faktoren ab [34, 35]. Insbesondere aber wird sie von der Dichte der Schraubenversetzungen bestimmt. Daraus ergibt sich einer der Gründe dafür, daß geglühte, wenig gestörte Oberflächen einer langsameren Auflösung unterliegen.

Im folgenden wird der Fall betrachtet, daß für die stationäre anodische Auflösungsgeschwindigkeit der Metallionendurchtritt geschwindigkeitsbestimmend ist, d.h. die Adsorptionsgleichgewichte (5) eingestellt sind. Mit $\Theta_{H_2O} + \Theta_{OH} + \Theta_A = 1$ sowie

$$\frac{\Theta_{OH}}{1 - \Theta_{OH} - \Theta_A} = K_{OH} a_{OH^-} \exp\left[\frac{\gamma F U}{RT}\right] \text{ und } \frac{\Theta_A}{1 - \Theta_A} = K_A a_A \qquad (8)$$

erhält man dann aus Gl. (7)

$$\Gamma_{n,m,j} = \Gamma_{\text{kink}} \cdot \frac{K_{OH}^m a_{OH^-}^m \exp\left[\frac{m\gamma F U}{RT}\right] K_A^j a_{A^-}^j \left[1 + K_{OH} a_{OH^-} \exp\left(\frac{\gamma F U}{RT}\right)\right]^j}{\left[(1 + K_A a_{A^-})\left(1 + K_{OH} a_{OH^-} \exp\left(\frac{\gamma F U}{RT}\right)\right)\right]^{n+m+j}} \qquad (9)$$

Hierbei ist angenommen, daß die spezifische Adsorption eines Anions im Austausch gegen H_2O_{ad} oder OH_{ad}^- erfolgt. K_{OH} und K_A sind Adsorptionskonstanten, die im allgemeinen noch von den lateralen Wechselwirkungen zwischen den adsorbierten Teilchen und damit von den Bedeckungsgraden und vom Elektrodenpotential U abhängen können. a_{OH^-} und a_{A^-} sind die Aktivitäten der OH^-- bzw. A^--Ionen in der Elektrolytlösung.

Für hinreichend negative Elektrodenpotentiale U bzw. kleine pH-Werte, d.h. $K_{OH} a_{OH^-} \exp[\gamma F U/(RT)] \ll 1$, vereinfacht sich Gl. (9) mit $K_{OH}^m K_A^j = K$ zu

$$\Gamma_{n,m,j} = \Gamma_{\text{kink}} \cdot \frac{K a_{OH^-}^m a_{A^-}^j \exp\left[\frac{m\gamma F U}{RT}\right]}{(1 + K_A a_{A^-})^{n+m+j}} \qquad (10)$$

Daraus ergeben sich mit Gl. (6) für einige häufig zu erwartende Fälle von nächstbenachbarten Liganden eines Oberflächenmetallions in einer Halbkristallage die folgenden einfachen Stromdichte-Potential-Korrelationen mit den Tafelkonstanten

$$b_+ = (\partial U/\partial \log i)\ \text{pH},\ a_{A^-}$$

und den Reaktionsordnungen

$$r_{+,pH} = (\partial \log i/\partial \log \text{pH})_{U,\, a_{A^-}} \text{ und } r_{+,A} = (\partial \log i/\partial \log a_{A^-})_{U,\, pH}:$$

Fall I: $m = 0, j = 0$

$$i = k_{n,o,o}\, K\Gamma_{\text{kink}} \exp\left[\frac{\alpha z F U}{RT}\right]$$

$$b_+ \approx \frac{60}{\alpha z}\, mV$$

$$r_{+,pH} \approx 0 \tag{11}$$

Fall II: $m = 1, j = 0$

$$i = k_{n,1,0}\, K\Gamma_{\text{kink}}\, a_{OH^-} \exp\left[\frac{\gamma F U}{RT}\right] \exp\left[\frac{\alpha\,(z - \gamma)\, F U}{RT}\right]$$

$$b_+ \approx \frac{60}{\alpha z + \gamma\,(1 - \alpha)}\, mV$$

$$r_{+,pH} \approx 1 \tag{12}$$

Fall III: $m = 2, j = 0$

$$i = k_{n,2,0}\, K\Gamma_{\text{kink}}\, a_{OH^-}^2 \exp\left[\frac{2\gamma F U}{RT}\right] \exp\left[\frac{\alpha\,(z - 2\gamma)\, F U}{RT}\right]$$

$$b_+ \approx \frac{60}{\alpha z + 2\gamma(1 - \alpha)}\, mV$$

$$r_{+,pH} \approx 2 \tag{13}$$

Fall IV: $m = 1, j = 1$

$$i = k_{n,1,1} K\Gamma_{\text{kink}} \frac{a_{OH^-}\, a_{A^-} \exp\left[\frac{\gamma F U}{RT}\right] \exp\left[\frac{\alpha\,(z - \gamma)\, F U}{RT}\right]}{(1 + K_A a_{A^-})^{n+2}}$$

$$b_+ \approx \frac{60}{\alpha z + \gamma\,(1 - \alpha)}\, mV,\ r_{+,pH} \approx 1,\ r_{+,A} \approx 1 \text{ bis } -(n + 1) \tag{14}$$

Fall V: $m = 0, j = 1$

$$i = k_{n,0,1} K\Gamma_{\text{kink}} \frac{a_{A^-} \exp\left[\frac{\alpha z F U}{RT}\right]}{(1 + K_A a_{A^-})^{n+1}}$$

$$b_+ \approx \frac{60}{\alpha z}\, mV,\ r_{+,pH} \approx 0,\ r_{+,A} \approx 1 \text{ bis } - n \tag{15}$$

3.2. Diskussion zur Kinetik der Eisenauflösung

3.2.1. Stationäres Verhalten ohne spezifische Anionenadsorption

Abb. 7 zeigt den typischen Verlauf der Stromdichte-Potential-Kurve (SPK) der anodischen Eisenauflösung in sauerstofffreien Elektrolytlösungen mit pH-Werten größer etwa 4. Bei kleineren pH-Werten verschwindet das Maximum II, die SPK steigt monoton an. Als charakteristische Parameter der Auflösungsreaktion bis zum Maximum V sollen die Tafelkonstanten und die Reaktionsordnung $r_{+,pH}$ betrachtet werden.

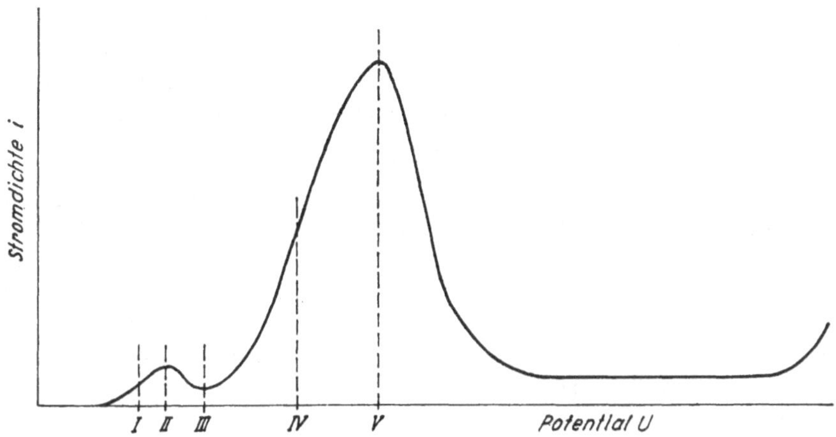

Abb. 7 Stromdichte-Potential-Kurve (schematisch) der anodischen Eisenauflösung

Kleine anodische Polarisationen

Die experimentellen Ergebnisse für den Anfangsbereich der SPK (Bereich I) ergeben je nach dem strukturellen Oberflächenzustand zwei Grenzkombinationen von kinetischen Daten:

1. $b_+ = 40\,mV$ und $r_{+,pH} = 1$

2. $b_+ = 30\,mV$ und $r_{+,pH} = 2$

Sie werden durch zwei unterschiedliche Mechanismen, den Bockris- [1, 2] bzw. den Heusler-Mechanismus [3, 4], gedeutet.

Bockris-Mechanismus

$$Fe + 2H_2O \rightleftharpoons [Fe(OH)]_{ad} + H_3O^+ + e^- \quad (16a)$$

$$[Fe(OH)]_{ad} \rightarrow Fe(OH)^+ + e^- \quad (16b)$$

$$Fe(OH)^+ + H_3O^+ + aq \rightleftharpoons Fe^{2+} \cdot aq + 2\,H_2O \quad (16c)$$

HEUSLER-Mechanismus

$$Fe + 2H_2O \rightleftharpoons [Fe(OH)]_{ad} + H_3O^+ + e^- \quad (17a)$$

$$[Fe(OH)]_{ad} + Fe_s \rightleftharpoons [(Fe_s(FeOH)]_{ad} \quad (17b)$$

$$[Fe_s(FeOH)]_{ad} + OH^- \rightarrow Fe(OH)^+ + [Fe(OH)]_{ad} + 2e^- \quad (17c)$$

$$Fe(OH)^+ + H_3O^+ + aq \rightleftharpoons Fe^{2+} \cdot aq + 2H_2O \quad (17d)$$

In beiden Mechanismen wird als erste Teilreaktion die Einstellung des potentialabhängigen Gleichgewichts der Bildung von $(FeOH)_{ad}$ auf der Eisenoberfläche nach Gl. (16a bzw. 17a) angenommen. Nach BOCKRIS stellt Gl. (16b) die geschwindigkeitsbestimmende Durchtrittsreaktion dar, der die rasche chemische Reaktion (16c) unter Bildung solvatisierter Eisenionen nachgelagert ist. Nach HEUSLER schließt sich an Reaktion (17a) die topochemische Bildung eines Oberflächenkomplexes $[Fe_s(FeOH)]_{ad}$ aus dem Adsorbat $(FeOH)_{ad}$ und einem „aktiven" Substratatom Fe_s an (Gl. 17b). Beiden Mechanismen gemeinsam ist die Annahme der geschwindigkeitsbestimmenden Durchtrittsreaktion

$$(FeOH)_{ad} \rightarrow FeOH^+ \cdot aq + e^- \text{ (Metall)},$$

wobei diese im Falle des HEUSLER-Mechanismus durch die Mitwirkung eines weiteren OH^--Ions an „aktiven" Oberflächenstellen katalysiert wird (Gl. 17c).

Die beobachtete pH-Abhängigkeit läßt erkennen, daß der Austritt von Fe^{2+}-Ionen aus der Metalloberfläche unter der alleinigen Wirkung adsorbierter H_2O-Moleküle (Fall I, Abschn. 3.1.) stark gehemmt ist. Die hohe Aktivirungsenergie für diesen Vorgang ist hauptsächlich auf die große Austrittsarbeit für die zweifach positiv geladenen Eisenionen zurückzuführen. Eine Herabsetzung der Aktivierungsenergie kann deshalb von Einflüssen erwartet werden, die zu einer Verminderung der positiven Ladung im aktivierten Komplex der Durchtrittsreaktion führen. Hierzu ist vorzugsweise die Adsorption von Anionen mit partiellem Übergang negativer Ladung in das Oberflächenelektronensystem des Metalls geeignet. In wäßrigen Medien kann diese Wirkung unabhängig von den zusätzlichen spezifischen Einflüssen gelöster Elektrolyte bereits von den Dissoziationsprodukten der H_2O-Moleküle OH^-- und O^{2-}-Ionen in der Adsorptionsschicht ausgehen. Betrachtet man zunächst nur ein einziges adsorbiertes OH^--Ion an einem Oberflächeneisenion ($z = 2$) in der Halbkristallage, so folgt für hinreichend kleine anodische Polarisationen aus Gl. (12) die SPK für den Fall II (s. Abschn. 3.1.) Mit $\alpha = 0{,}5$ und $0 \leqq \gamma \leqq 1$ ergeben sich daraus $r_{+,pH} \approx 1$ und b_+-Werte von 40 bis 60 mV. Diese kinetischen Daten liegen im Bereich der insbesondere an rekristallisiertem Eisen häufig erhaltenen experimentellen Werte. Sie bestätigen für den Fall $r_{+,pH} = 1$ und $b_+ = 40\,mV$ die Erwartungsdaten des BOCKRIS-Mechanismus, dem die Vorstellung eines vollständigen Überganges der negativen Ladung des adsorbierten OH^--Ions auf das durchtretende Eisenion zugrunde liegt. In Abb. 8 ist der Durchtrittsprozeß entsprechend dem BOCKRIS-Mechanismus schematisch wiedergegeben.

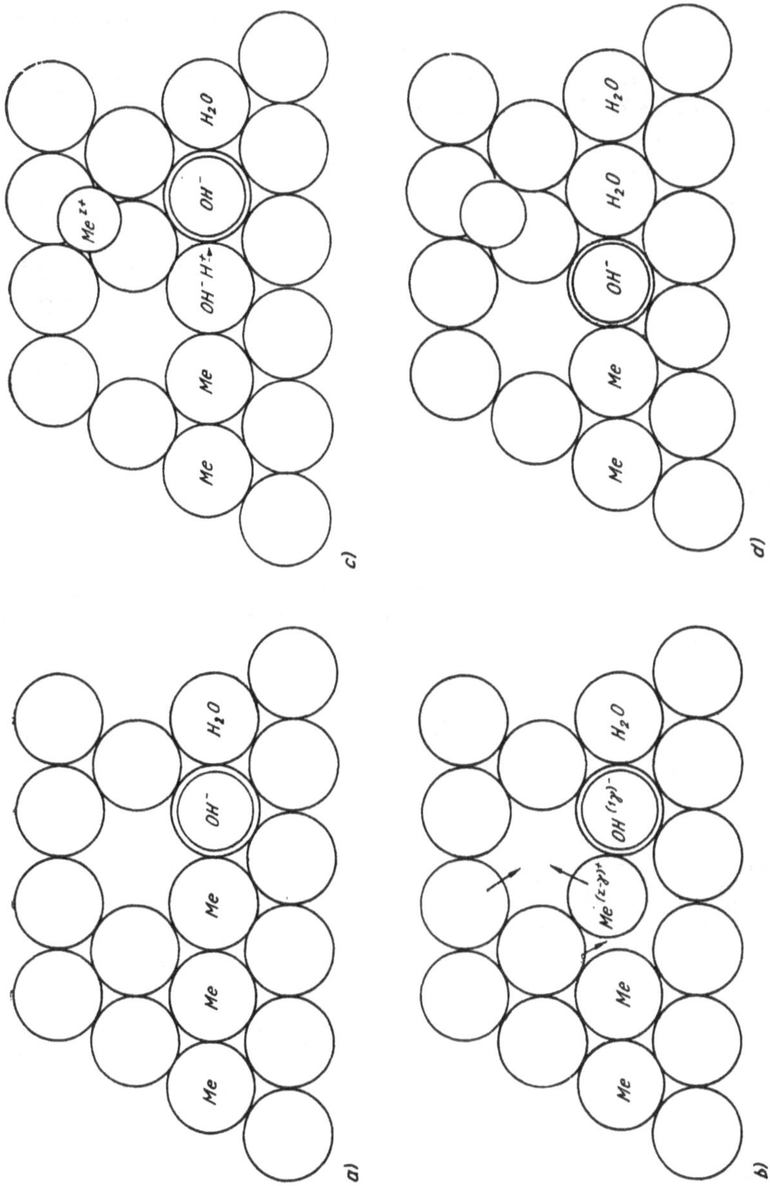

Abb. 8 Durchtrittsreaktion an einer Halbkristallage, anlehnend an den Bockris-Mechanismus

Wie bereits in Abschnitt 2 beschrieben, wird in einer schnellen Dissoziationsreaktion an der Halbkristallage aus dem absorbierten H_2O-Molekül ein Hydroxidion gebildet. Bei den betrachteten Lösungs-pH-Werten ist jeder Adsorptionsplatz der Metalloberfläche in der Regel durch OH_{ad}- bzw. H_2O_{ad}-Teilchen belegt, wodurch eine dichte Kugelpackung mit der Stapelfolge AB entstehen kann. Diese Stapelfolge kann jedoch über der Halbkristallage wegen der dort vorliegenden Bindungsverhältnisse gestört werden und zum Auftreten eines Gitterbaufehlers, z. B. einer Leerstelle, Anlaß geben.

Der energetisch günstigste Weg für den Durchtritt des Metallkations sollte dann über die Leerstelle führen. Nachdem diese passiert worden ist, werden die Wassermoleküle gemäß Abb. 8b, c umgeordnet. Dabei wird einerseits das Kation oktaedrisch von sechs H_2O-Molekülen in der äußeren Helmholtzschicht koordiniert und andererseits der freigewordene Me-Gitterplatz der Halbkristallage durch ein H_2O-Molekül besetzt. Durch Dissoziation entsteht aus diesem Wassermolekül ein Hydroxidion und das benachbarte Hydroxidion wird zu Wasser protoniert. Damit ergibt sich die in Abb. 8 dargestellte wiederholbare Schrittfolge.

Bei höherer Oberflächenaktivität des Eisens (z. B. nach einer Kaltverformung) ist mit einer vom Verformungsgrad abhängigen Zahl von mikroskopischen Rauhigkeiten (Versetzungsdurchstoßpunkte, Gleitlinien) in der Oberfläche zu rechnen. Diese liefern energetisch bevorzugte Positionen für die Adsorption von zwei OH^--Ionen als nächste Nachbarn zu einem Oberflächeneisenatom und schaffen damit die Voraussetzung zur Erniedrigung der positiven Ladung im aktivierten Komplex. Für diese Situation folgt aus Gl. (13) die SPK des Falles III (Abschnitt 3.1.).

Mit $\alpha = 0{,}5$ und $0 \leqq \gamma \leqq 1$ ergeben sich daraus $r_{+,pH} = 2$ und b_+-Werte zwischen 30 und 60 mV.

Geht man auch hier von einem vollständigen Übergang der negativen Ladung der OH^--Ionen auf den aktivierten Komplex der Durchtrittsreaktion aus ($\gamma = 1$), so entsprechen die kinetischen Daten $r_{+,pH} = 2$ und $b_+ = 30\,mV$ den experimentellen Befunden des katalytischen Heusler-Mechanismus, der unter Berücksichtigung der Wechselwirkung Metalloberfläche - Wasser in Abb. 9 schematisch dargestellt ist. Abb. 9a zeigt einen Schnitt durch einen abgeglittenen Oberflächenbereich in der Vorderansicht. In der Seitenansicht B ist in nacheinander ablaufenden Schritten (a–f) der Durchtrittsprozeß wiedergegeben. Er erfolgt hier an Scheitelatomen. Der erste Teilschritt verläuft, wie auch Gl. 16a und 17a ausweisen, analog dem Bockris-Mechanismus. Abweichend von diesem wird jedoch, wie Abb. 9b deutlich macht, wegen der exponierten Lage des Scheitelmetallatoms eine stärkere Wechselwirkung zwischen diesem und einem zweiten benachbarten adsorbierten Wassermolekül möglich, wodurch sich letzteres ebenfalls in ein Hydroxidion umwandelt. Der sich daran anschließende Durchtritt erfolgt dann unter Beteiligung von zwei Hydroxidionen (Abb. 9c). Das Metallion durchläuft wiederum die Leerstelle und umgibt sich mit sechs

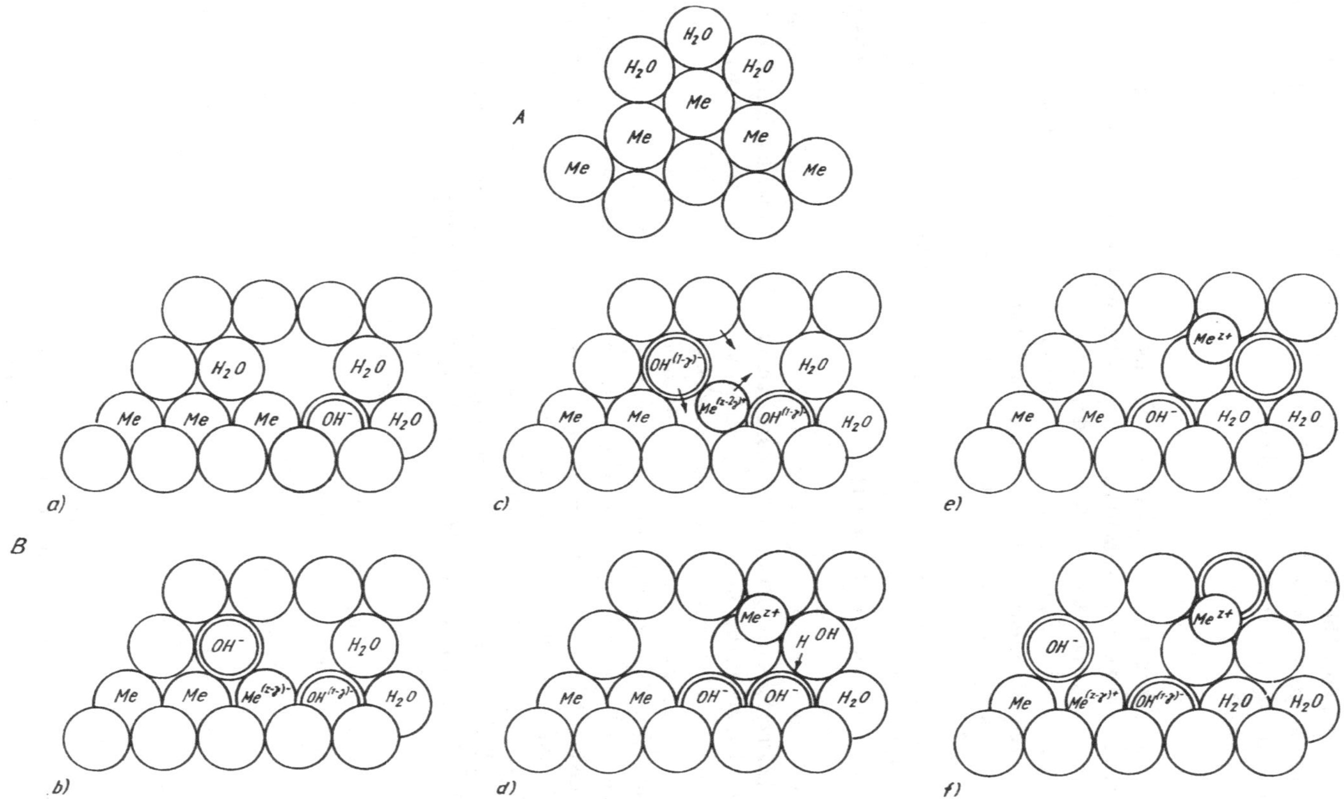

Abb. 9 Durchtrittsreaktion an einem verformten Oberflächenbereich, anlehnend an den Heusler-Mechanismus — Schnitt durch eine Gleitstufe A — Vorderansicht B — Seitenansicht

Wassermolekülen (Abb. 9d), so daß die Ausgangsposition für die wiederholbare Schrittfolge sehr schnell eingestellt ist (Abb. 9f). In den Abb. 9e und d ist darüber hinaus die Protonierung der ursprünglich adsorbierten Hydroxidionen zu Wasser angedeutet.

Höhere anodische Polarisationen

Das elektrochemische Verhalten des Eisens im Bereich II bis V läßt sich auf der Grundlage der mit zunehmendem pH-Wert und zunehmender anodischer Polarisation ansteigenden Bedeckung der Metalloberfläche mit den Dissoziationsprodukten des Wassers verstehen. Die damit verbundene Veränderung der kinetischen Daten gegenüber denen bei kleinerer Polarisation folgt unmittelbar aus einer Betrachtung von Gl. (6) und (9) mit $j = 0$, wobei vorausgesetzt wird, daß

1. das Dissoziationsgleichgewicht des H_2O_{ad} in der Adsorptionsschicht immer eingestellt und
2. die elektrochemische Durchtrittsreaktion der Eisenionen geschwindigkeitsbestimmend ist.

Im Bereich I–II der SPK nimmt die Konzentration der OH-Spezies auf der Eisenoberfläche zu. Damit ist zunächst eine Erhöhung der Auflösungsgeschwindigkeit verbunden. Wenn jedoch die Zahl m der einem Eisenoberflächenatom nächstbenachbarten OH-Spezies größer als Zwei wird, dann können auch die über den Halbkristallagen bei niedrigen pH-Werten vorhandenen Leerstellen mit Hydroxid-Ionen besetzt werden. Die Folge ist eine Hemmung des Durchtrittsprozesses. Die durchgetretenen Eisenionen werden in oberflächennahen Oktaederplätzen eingelagert (Abb. 10a) und üben dort eine zusätzliche Barrierewirkung aus. Damit nimmt in Übereinstimmung mit Lorenz und Mitarbeitern die Geschwindigkeitskonstante der Durchtrittsreaktion $k_{n,m}$ ab. Die Überlagerung dieser Vorgänge bedingt mit zunehmendem Bedeckungsgrad θ_{OH} das Auftreten des Maximums II und des Minimums III, was nach Gl. (9) nur für hinreichend hohe pH-Werte erwartet werden kann. Das erneute Ansteigen der Stromdichte nach dem Minimum III ist bei Erreichen des Sättigungszustandes der Adsorption von OH-Spezies ($n = 0$) möglich. Mit $m\gamma = 1$ folgt dann aus Gl. (6) und (9)

$$i = k_{0,m,0} \cdot \Gamma_{\text{kink}} \exp\left[\frac{\alpha FU}{RT}\right] \tag{18}$$

Daraus ergeben sich mit einem Durchtrittsfaktor $\alpha = 0{,}5$ die im Bereich IV häufig gefundenen Tafelfaktoren $b_+ \approx 120\,mV$ und Reaktionsordnungen $r_{+,pH} \approx 0$.

In diesem Bereich wird die Hemmung des Durchtrittsprozesses durch die mit dem Potentialanstieg verbundene Feldstärkeerhöhung zunehmend überwunden. Letztere bewirkt zum einen eine Erhöhung der Auflösungsgeschwindigkeit und zum anderen eine verstärkte Bildung von OH-Ionen durch Disso-

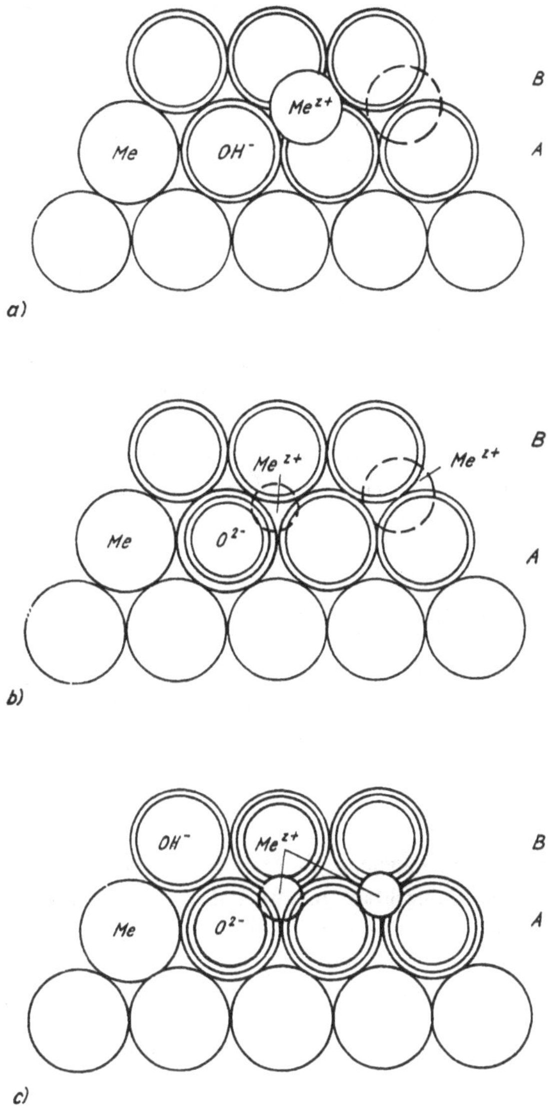

Abb. 10 Hydroxid- und Oxidbildung im Bereich III–V der Stromdichte-Potential-Kurve

ziation von H_2O-Molekülen in oberflächenferneren Schichten, z. B. in B-Lagen (Abb. 10b).

Nach Formierung einer B-Lage mit OH^--Ionen bilden sich bei weiterer anodischer Polaristation durch Dissoziation adsorbierter OH^--Ionen O^{2-}-Ionen gemäß

$$OH^-_{ad} \rightleftharpoons O^{(2-\gamma)-}_{ad} + H^+ + \gamma e^- \tag{19}$$

Unter der Annahme, daß in diesem Zustandsbereich $\Theta_{OH} + \Theta_O = 1$, gilt für das Adsorptionsgleichgewicht

$$\frac{\Theta_0}{1-\Theta_0} = K_0\, a_{OH^-} \exp\left[\frac{\gamma FU}{RT}\right] \tag{20}$$

Der exponentielle Stromdichteanstieg mit dem Potential nach Gl. (18) wird somit bei weiterer Potentialpositivierung schließlich dadurch verhindert, daß entsprechend Gl. (19) ein zunehmender Anteil der adsorbierten OH-Ionen in O^{2-}Ionen übergeht und Eisenionen nunmehr nicht nur auf Oktaederplätzen, sondern im dreiwertigen Zustand auch auf Tetraederplätzen in die Adsorptionsschicht eingelagert werden. Dieser Vorgang führt zu einer weiteren starken Hemmung des Eisenionendurchtritts und nach Durchlaufen des Maximums V zur eigentlichen Passivierung der Oberfläche, d.h. zur Umwandlung der Adsorptionsschicht in eine Oxidschicht (Abb. 10c).

3.2.2. Stationäres Verhalten mit spezifischer Anionenadsorption

Wie schon in Abschnitt 2 erwähnt, sind von einer spezifischen Adsorption von Anionen insbesondere zwei Einflüsse zu erwarten: Erstens bewirkt sie eine Abnahme der Konzentration an stimulierenden OH_{ad}-Spezies und zweitens kann sie zu einer Erschwerung des partiellen Elektronenüberganges von OH^-_{ad}-Ionen auf ein Metallatom in der Halbkristallage, d.h. zu einer Verkleinerung des γ-Wertes führen.

Beide Einflüsse sollten sich durch deutliche Veränderungen der charakteristischen kinetischen Parameter bemerkbar machen. Die diesbezüglichen Erwartungsdaten bei Adsorption eines Anions an einem Metallatom in der Halbkristallage sind aus der SPK für den Fall IV in Abschnitt 3.1. zu entnehmen. Mit $\alpha = 0{,}5$ und $z = 2$ resultiert für $\gamma = 1$ $b_+ = 40\,mV$ und für $\gamma = 0$ $b_+ = 60\,mV$ sowie $r_{+,pH} = 1$. Ausgehend vom Heusler-Mechanismus (Fall III) bedeutet dies einen Wechsel der b_+-Werte von 30 auf $40\,mV$, wenn die Adsorption der Anionen nur eine Verdrängung von OH_{ad}-Spezies bewirkt, bzw. auf $60\,mV$, wenn zusätzlich die Induktionswirkung der adsorbierten Anionen ausreicht, um den Übergang negativer Ladung von einem OH_{ad}-Ion in das Oberflächenelektronengas des Metalls zu verhindern. In beiden Fällen sollte sich die Reaktionsordnung $r_{+,pH}$ von 2 auf 1 erniedrigen.

Diese modelltheoretischen Erwartungen werden experimentell z.B. durch Untersuchungen von Heusler [4] und Lorenz [36] an Eisen und Kobalt eindrucksvoll bestätigt. Danach erfolgt der kontinuierliche Übergang von Fall III nach Fall IV mit $\gamma = 0$ im Bereich von pH 1 bis 2 (System Fe/HCl bzw.

H_2SO_4 + KCl) bei Cl^--Ionenkonzentrationen von 0,1 bis 2 normal. In Gegenwart von Br^--Ionen wird der Tafelfaktor hingegen nur nach $b_+ \approx 40\,mV$ verändert, was nach Fall IV mit $\gamma = 1$ darauf hinweist, daß die Induktionswirkung der größeren adsorbierten Br^--Ionen nicht mehr ausreicht, um den Elektronenübergang von einem OH^-_{ad}-Ion auf das Metallatom in der Halbkristallage zurückzudrängen.

3.2.2. Instationäres Verhalten ohne spezifische Anionenadsorption

Bei galvanostatischen und potentiostatischen Ein- und Ausschaltmessungen ergeben sich für b_+ und $r_{+,pH}$ häufig Werte, die von den stationären Daten abweichen. Für Eisen haben sowohl Heusler [3] als auch Lorenz [5] in allen Fällen anodische Tafelgeraden mit einem Neigungsfaktor $b_+ \approx 60\,mV$ erhalten. Die elektrochemischen Reaktionsordnungen betrugen dann $r_{+,pH} \approx 1$ (beim Heusler-Mechanismus) bzw. $r_{+,pH} \approx 0{,}5$ (beim Bockris-Mechanismus).

Nach unserer Ansicht kann dieses Ergebnis zwanglos auf die gehemmte Einstellung des Adsorptionsgleichgewichts (5) bei sehr raschen Potentialänderungen zurückgeführt werden. Die für den Bockris- bzw. Heusler-Meachanismus gültigen stationären Stromdichte-Potential-Beziehungen (12) bzw. (13) lassen sich auch in der Form

$$i = k_{n,1,0}\, k\Gamma_{\text{kink}}\, a_{OH^-} \exp\left[\frac{\gamma(1-\alpha)FU}{RT}\right] \exp\left[\frac{\alpha z F U}{RT}\right] \tag{21}$$

bzw.

$$i = k_{n,2,0} K\Gamma_{\text{kink}}\, a^2_{OH^-} \exp\left[\frac{2\gamma\,(1-\alpha)FU}{RT}\right] \exp\left[\frac{\alpha z F U}{RT}\right] \tag{22}$$

schreiben. Einsetzen von Gl. (8) führt mit $\alpha = 0{,}5$ und $z = 2$ zu

$$i = k_{n,1,0}\, K\Gamma_{\text{kink}}\, a_{\text{OH}^-} \left(\frac{1}{K_{OH} a_{OH^-}}\right)^{0,5} \frac{\Theta_{OH}}{1-\Theta_{OH}} \exp\left[\frac{\text{FU}}{RT}\right] \tag{23}$$

bzw.

$$i = k_{n,2,0}\, K\Gamma_{\text{kink}}\, a^2_{OH^-} \frac{1}{K_{OH} a_{OH^-}} \frac{\Theta_{OH}}{1-\Theta_{OH}} \exp\left[\frac{FU}{RT}\right] \tag{24}$$

Wird nun der Bedeckungsgrad Θ_{OH} nach sprunghafter Polarisationsänderung nicht sofort mit verändert, so ergeben sich in beiden Fällen übereinstimmend die beobachteten kinetischen Parameter.

4. Betrachtungen zum Startvorgang der Lochfraßkorrosion

Die aktive Metallauflösung bis hin zur Passivschichtbildung verläuft formal also immer in gleicher Weise, nämlich über den Platzwechsel eines Metallions von einem Oberflächenzustand des Metalls auf eine Position in der Trennschicht. Ob dabei stöchiometrisch einheitliche oder stark fehlgeordnete Schichten entstehen, hängt davon ab, in welchem Maße OH^-_{ox}- oder O^{2-}_{ox}-Ionen den freigewordenen Metallgitterplatz besetzen und Anlaß zur Ausbildung von Störstellen geben. Im Verlauf des Bildungs- und Wachstumsvorganges können somit kristalline oder aber auch amorphe Schichten entstehen. Als Störstellen kommen neben Leerstellen auch unvollständig deprotonierte Wassermoleküle in Betracht. In Gegenwart von Anionen, insbesondere Halogenidionen, ermöglichen diese Störstellen die eingangs erwähnten lokalen Korrosionsarten, von denen an dieser Stelle lediglich auf die Lochfraßkorrosion eingegangen werden soll.

Diese Korrosionsart wird formal in die drei Stadien Lochkeimbildung, Wachstum kleiner Löcher und Wachstum großer Löcher unterteilt. Während die Kinetik des Lochwachstums im wesentlichen als geklärt gilt [37–42], ist der Startvorgang – die Lochkeimbildung – noch umstritten, wobei hauptsächlich drei Modellvarianten diskutiert werden: der Adsorptions-, der Penetrations- und der Schichtrißmechanismus [43–45]. Dem Adsorptionsmechanismus liegt die Annahme zugrunde, daß die aggressiven Anionen auf der Oxidoberfläche lokal konzentriert adsorbiert werden und dort das Oxid bevorzugt auflösen [46–48]. Der Penetrationsmechanismus sieht eine Migration der aggressiven Anionen durch das Oxidgitter vor. Die Richtigkeit dieses Mechanismus wurde immer wieder angezweifelt, weil es schwer vorstellbar ist, daß die größeren lochfraßerzeugenden Anionen, wie z.B. Sulfat- oder Perchlorationen [37], die Oxidschicht durchwandern. Beim Schichtrißmechanismus geht man davon aus, daß in Passivschichten Eigenspannungen bestehen können, die zum Schichtriß führen und somit der aggressiven Elektrolytlösung den Zugang zur Metalloberfläche ermöglichen.

Nachfolgend sollen, aufbauend auf den Ausführungen in Abschnitt 2, einige weiterführende Vorstellungen über den Abbau und die örtliche Zerstörung von Passivschichten erläutert werden.

Sowohl die Bildung der Passivschichten als auch deren Auflösung werden durch die Anwesenheit von Ionen oder auch neutralen Molekülen in der angrenzenden Elektrolytlösung beeinflußt. Ihre Wirksamkeit hängt wesentlich davon ab, in welchem Maße sie auf den Protonentransfer und den partiellen Ladungsübergang in der Oberflächenschicht einwirken und damit die Aktivität der OH^-_{ox}- bzw. O^{2-}_{ox}-Ionen verändern können. Spektroskopische Untersuchungen wäßriger Elektrolytlösungen [49, 50] und an Metalloberflächen adsorbierten Wassers [23, 51–53] zeigen, daß Anionen in der Lage sind, das

Wassermolekül zu polarisieren und damit Stärke und Richtung der Wasserstoffbrücke verändern.

Überträgt man die dargelegten Vorstellungen zur Wirkung der Anionen auf die Lochfraßkorrosion, dann stellt sich die Lochkeimbildung als ein durch Anionen induzierter Protonierungsprozeß in gestörten Teilen der Passivschicht analog Gl. (3) dar. Im ersten Teilschritt werden die die Lochfraßkorrosion auslösenden Anionen an der Passivschicht, die im wesentlichen aus Oxid besteht und lösungsseitig mehr oder weniger OH^-_{ox}-Gruppen aufweist, adsorbiert. In Abb. 11 wurde als angreifendes Anion das Chloridion gewählt.

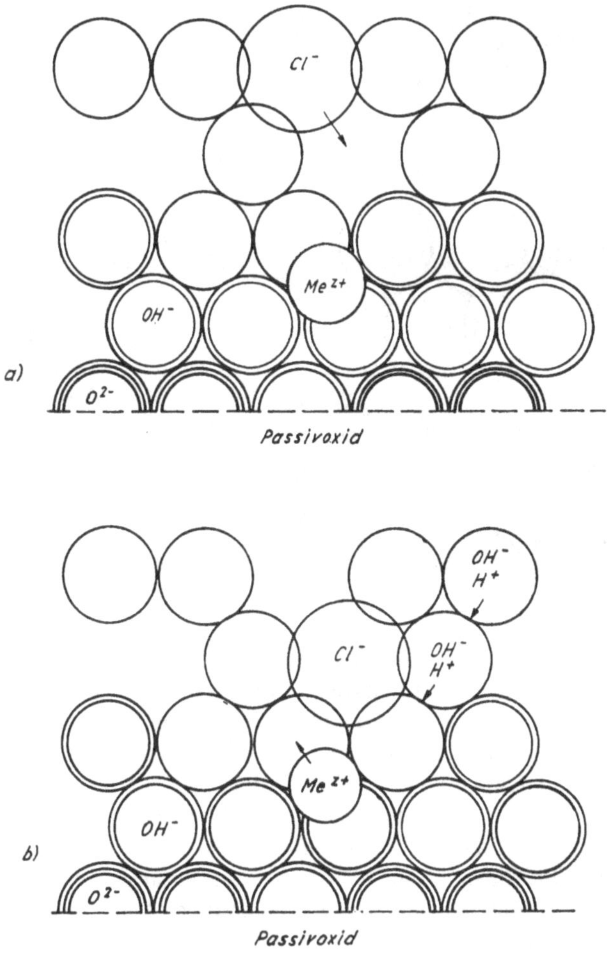

Abb. 11 Schematische Darstellung der Lochkeimbildung an der elektrolytseitigen Passivschicht

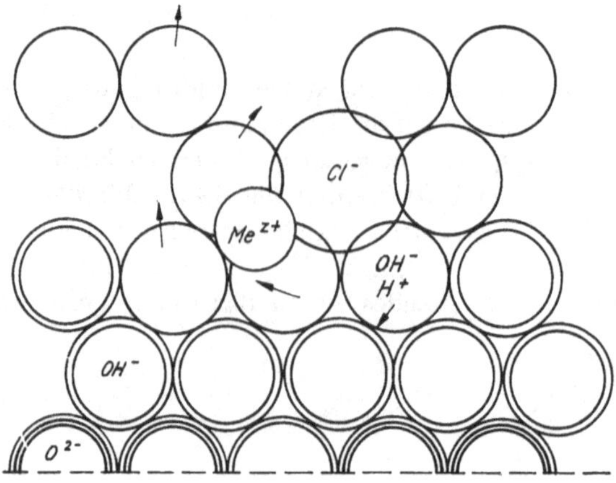

c)

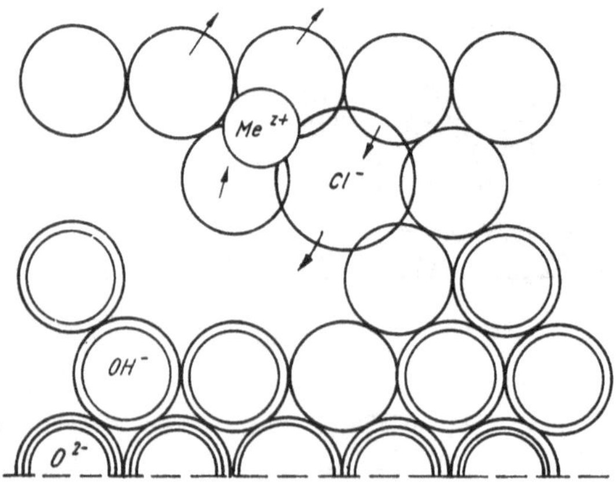

d)

Adsorbiert das Chloridion in der Nachbarschaft eines elektrisch gleichnamig geladenen Teilchens, z. B. OH^-_{ox}-Ions, dann kann die dabei auftretende elektrostatische Abstoßungskraft durch einen Protonentransfer auf das Hydroxidion aufgehoben werden (Abb. 11b). Das Hydroxidion geht hierbei in ein Wassermolekül über. Die Hydroxidstruktur wird örtlich unterbrochen und die Bindung zu den eingelagerten Kationen gelockert. Somit können die Kationen den Gitterverband leichter verlassen. Der mit dem Kationenaustritt verbundene Ladungsverlust wird über Protonenzufuhr aus der Lösung ausgeglichen (Abb. 11c). Hierbei wird in den Störstellen die wesentlich weniger dicht gepackte Wasserstruktur aufgebaut (Abb. 11d). Die in der Wasserstruktur vorhandenen Hohlräume gestatten dem Chloridion, durch Diffusion und Migration in die Tiefe und Breite der Schicht vorzudringen (Abb. 11e). Das Kation tritt in die

Lösung über und umgibt sich oktaedrisch mit sechs Wassermolekülen (Abb. 11f). Die beschriebenen Vorgänge wiederholen sich, bis das Chloridion die Adsorptionsschicht an der Metalloberfläche erreicht hat. Abb. 12 zeigt noch einmal schematisch die Wanderung des aggressiven Anions an einem gestörten Passivschichtbereich.

Der dargestellte Reaktionsablauf kann sowohl zu einem gleichmäßigen, als auch zu einem lokalen Abbau der Passivschicht führen. Welche der beiden Formen dominiert, ist von den örtlich differenzierten Auflösungsgeschwindigkeiten abhängig. Sind sie genügend unterschiedlich, dann tritt Lochfraßkorrosion auf. Eine reale Passivschicht ist ebenso wie eine reale Metalloberfläche in der Regel nicht homogen. Sie enthält Störstellen u.a. in Form von eingebau-

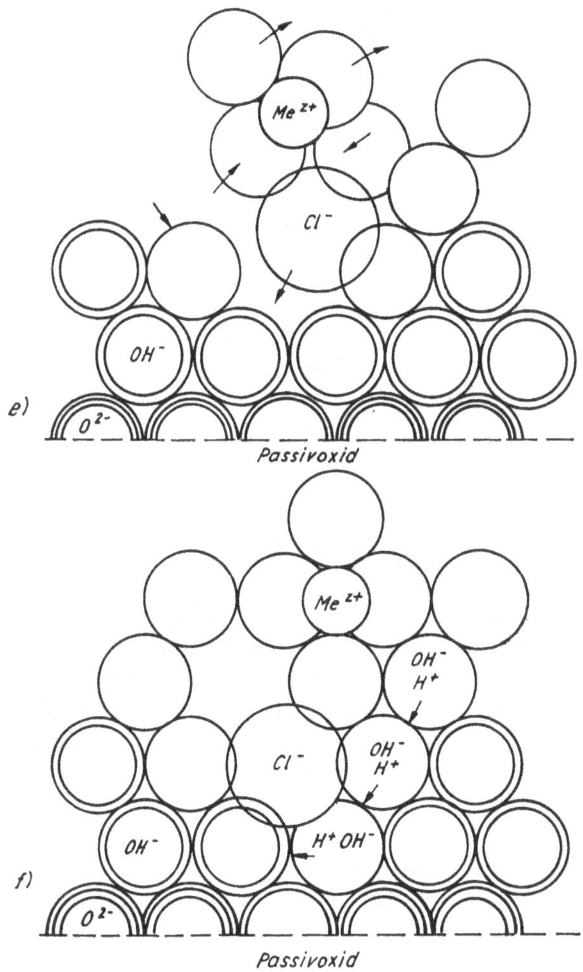

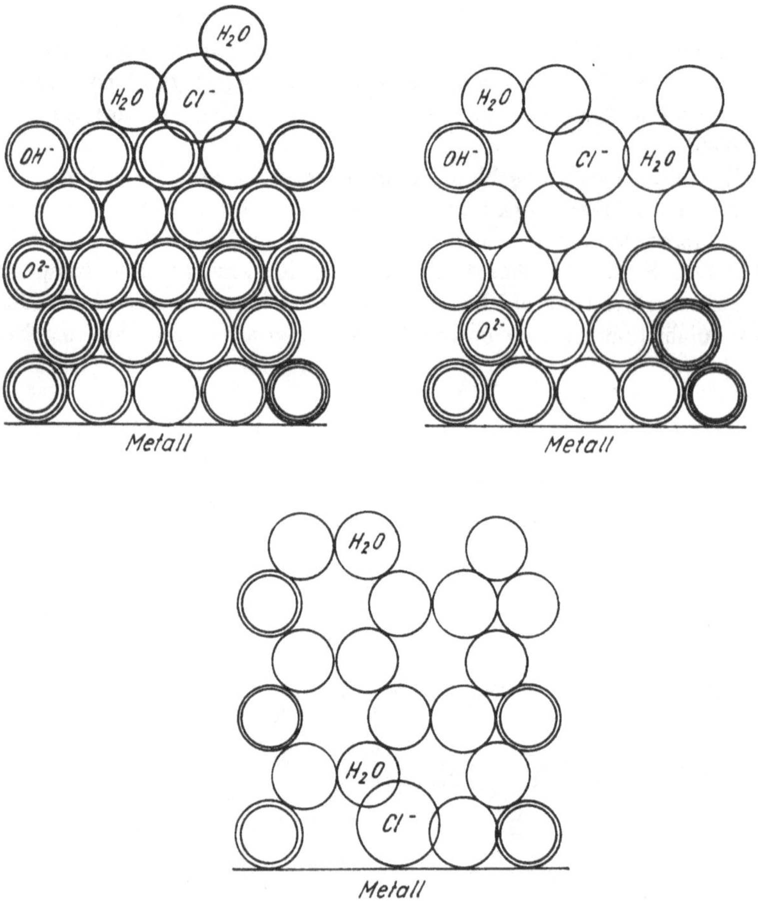

Abb. 12 Schematische Darstellung des örtlichen Abbaus einer gestörten Passivschicht

ten Hydroxidionen oder Wassermolekülen, in deren Umgebung meist bevorzugt Chloridionen adsorbiert und damit Teile der Schicht abgebaut werden. Aber auch bei einer gleichmäßigen Chloridadsorption wäre an gestörten Passivschichtbereichen Lochfraß zu erwarten, weil dort die Protonierung erleichert ist. Nur dann, wenn keine nennenswerten Unterschiede in der Protonierungsgeschwindigkeit vorliegen, wird der Störstelleneinfluß überdeckt. Unter diesen Bedingungen verläuft der Schichtabtrag gleichmäßig und führt zu einer ebenmäßigen Korrosion.

Der vorgeschlagene Lochkeimbildungsvorgang ist ein verallgemeinerter Mechanismus, der mit den eingangs genannten und gegenwärtig wesentlichen Einzelvorstellungen zum Startvorgang der Lochfraßkorrosion in Einklang steht. Der Adsorptionsmechanismus, wie er von Kolotyrkin [48], Engell

[54], HEUSLER [41] und KAESCHE [45] dargelegt wurde, stimmt mit dem vorgeschlagenen Modell überein. Er präzisiert jedoch Ursache und Ort einer bevorzugten Anionenadsorption. Daß im Zuge der örtlichen Passivschichtauflösung innerhalb der Schicht Spannungen auftreten können, die zum Schichtriß führen, ist ebenfalls verständlich. Auch der Penetrationsmechanismus ist inbegriffen, freilich mit der wesentlichen Modifikation, daß die aggressiven Anionen nicht das Gitter der Passivschicht, sondern die wesentlich lockerere Wasser- oder Hydroxidstruktur in Kanälen der Schicht durchdringen. Mit dem diskutierten Modell stellt sich die Lochfraßkorrosion nicht als eine an einen eigenen besonderen Mechanismus geknüpfte Korrosionsart dar, sondern ist lediglich ein bevorzugter Schichtabbau an gestörten Passivschichtbereichen. Die Existenz solcher Bereiche wird nicht bestritten und ist experimentell nachgewiesen [55, 56].

Es ist naheliegend, daß vor allem chemische Inhomogenitäten der Festkörperoberfläche Störstellen in der sich bildenden Schicht induzieren und somit die Bildung stabiler Passivschichten behindern können. Besonders wirksam werden solche Einschlüsse der Oberfläche sein, die während des Aufbaus der Passivschicht die Dissoziation des adsorbierten Wassers unter Bildung von O^{2-}_{ox}-Ionen erschweren. Der vielfach bei Stahl an Sulfideinschlüssen beobachtete Lochfraß entspricht diesen Vorstellungen [57–59]. Das Sulfid hemmt den Protonenabtransport aus der Oberflächenschicht. Auch physikalische Inhomogenitäten der Metalloberfläche können Störstellen verursachen. Ihre Wirkung scheint jedoch im Vergleich zu den chemischen Inhomogenitäten in der Regel geringer.

Die am Beispiel des Chloridions modellierte Anschauung zur Lochkeimbildung ist generell auf alle Anionen übertragbar. Das Vermögen, Protonen auf OH^-_{ox}-Ionen zu transferieren, wird wesentlich durch die lokale elektrische Feldstärke an der Peripherie des Ions bestimmt. Dementsprechend nimmt die Aggresivität der Halogenidionen bei den Eisenmetallen in Übereinstimmung mit experimentellen Befunden in der Reihenfolge $Cl^- > Br^- > J^-$ ab. Aus dem gleichen Grund sind die Anionen Sulfat, Perchlorat und Nitrat weniger in der Lage, Lochfraß auszulösen, da deren „spezifische elektrische Feldstärke" kleiner ist als die der Halogenidionen. Unter den Halogenidionen nimmt das Fluoridion infolge seiner starken Wechselwirkung mit Wassermolekülen eine Sonderstellung ein und ist deshalb im allgemeinen nur schwach adsorptionsfähig.

Literatur

[1] J. O'M. BOCKRIS, D. DRAZIC, A. R. DESPIC: Electrochim. Acta **4** (1961) 325.

[2] J. O'M. BOCKRIS, M. A. GENSHAW, V. BRUSIC, H. WROBLOWA: Electrochim. Acta **16** (1971) 1859.

[3] K. E. HEUSLER: Z. Elektrochem., Ber. Bunsenges. phys. Chem. **62** (1958) 585, **66** (1962) 177.

[4] K. E. Heusler: Habilitationsschrift, TH Stuttgart 1966.
[5] W. J. Lorenz, G. Eichkorn: Ber. Bunsenges. phys. Chem. **70** (1966) 99.
[6] G. Eichkorn, W. J. Lorenz, L. Albert, H. Fischer: Electrochim. Acta **13** (1968) 183.
[7] J. Bessone, L. Karakaya, P. Lorbeer, W. J. Lorenz: Electrochim. Acta **22** (1977) 1147.
[8] H. Schweickert, W. J. Lorenz, H. Friedburg: J. Electrochem. Soc. **127** (1980) 1693.
[9] M. Keddam, O. R. Mattos, H. Takenouti: J. Electrochem. Soc. **128** (1981) 257, 266.
[10] R. J. Watts-Tobin: Philos. Mag. **6** (1961) 133.
[11] J. O'M. Bockris, M. A. V. Devanathan, K. Müller: Proc. Roy. Soc. London Ser. A **274** (1963) 55.
[12] B. B. Damaskin, A. N. Frumkin: Electrochim. Acta **19** (1974) 173.
[13] A. N. Frumkin: Nulladungspotentiale, Verlag Nauka, Moskva 1979 (russ.).
[14] S. Trasatti: J. Electroanal. Chem. **33** (1971) 351, **64** (1975) 128.
[15] R. Parsons: J. Electroanal. Chem. **59** (1975) 229, **109** (1980) 369, **118** (1981) 3.
[16] B. B. Damaskin: J. Electroanal. Chem. **75** (1977) 359.
[17] S. Trasatti in Modern Aspects of Electrochemistry, hrsg. von B. E. Conway und J. O'M. Bockris, Plenum Press, New York, Bd. 13.
[18] B. E. Conway: Adv. Colloid Interface Sci. **8** (1977) 91.
[19] J. O'M. Bockris, M. A. Habib: Electrochim. Acta **22** (1977) 41.
[20] W. R. Fawcett, S. Levine, R. M. de Nobriga, A. C. McDonald: J. Electroanal. Chem. **111** (1980) 163.
[21] A. Bewick, K. Kunimatsu, B. S. Pons: Electrochim. Acta **25** (1980) 465.
[22] A. Bewick, K. Kunimatsu, J. Robinson, J. W. Russel: J. Electroanal. Chem. **119** (1981) 175.
[23] M. Fleischmann, P. J. Hendra, I. R. Hill, M. E. Pempbe: J. Electroanal. Chem. **117** (1981) 243, 257.
[24] Ya. M. Kolotyrkin: Brit. Corr. J. **15** (1980) 102.
[25] H. Worch, D. Rahner, J. Sommer, W. Schatt: Werkstoffe und Korrosion **31** (1980) 593.
[26] H. Worch, D. Rahner, J. Sommer, W. Schatt: Z. Metallkunde **72** (1981) 21.
[27] W. Forker, H. Worch, D. Rahner: Werkstoffe und Korrosion **32** (1981) 545.
[28] W. Forker, D. Rahner, W. Schatt, H. Worch: Wiss. Zeitschrift der TU Dresden **31** (1982) 175.
[29] H. Worch, D. Rahner, W. Forker: Korrosion (Dresden) **13** (1982) 17.
[30] C. Wagner, W. Traud: Z. Elektrochem. **44** (1938) 391.
[31] K. J. Vetter: Electrochemical Kinetics, Academic Press, New York 1967.
[32] N. Valverde, C. Wagner: Ber. Bunsenges. phys. Chem. **80** (1976) 330.
[33] G. A. Somorjai, J. E. Lester: Evaporation Mechanism of Solids in Solid State Chemistry 4,1, Pergamon Press, Oxford 1967.
[34] Nova acta Leopoldina: Physik und Chemie der Kristalloberfläche, hrsg. von J. H. Scharf, Johann Ambrosius Barth, Leipzig 1968.
[35] I. I. Novinov: Defekty kristalliceskogo stroenija metallov, Verl. Metallurgija, Moskva 1975.
[36] W. J. Lorenz: Corr. Sci. **5** (1965) 121.
[37] K. J. Vetter, H. H. Strehblow: Ber. Bunsenges. phys. Chem. **74** (1970) 449, 1024.

[38] G. Herbsleb, H. J. Engell: Z. phys. Chem. **215** (1960) 167, Werkstoffe und Korrosion **17** (1966) 365, Z. Elektrochem. **65** (1961) 881.
[39] A. Rahmel, W. Schwenk: Korrosion und Korrosionsschutz von Stählen, Verlag Chemie, Weinheim 1977.
[40] H. J. Engell, N. D. Stolica: Archiv Eisenhüttenwesen **30** (1959) 239, Z. phys. Chem. N.F. **20** (1959) 113.
[41] K. E. Heusler, L. Fischer: Werkstoffe und Korrosion **27** (1976) 551, 697, 788.
[42] L. Fischer: Dissertation, TU Clausthal 1975.
[43] H. H. Strehblow: Werkstoffe und Korrosion **27** (1976) 793.
[44] B. P. Löchel, H. H. Strehblow: Werkstoffe und Korrosion **31** (1980) 353.
[45] H. Kaesche: Die Korrosion der Metalle, Berlin, Springer-Verlag 1979.
[46] T. P. Hoar: Corr. Sci. **7** (1967) 341.
[47] K. G. Weil, D. Menzel: Z. Elektrochem. **63** (1959) 669.
[48] Ya. M. Kolotyrkin: Corrosion **19** (1963) 261, J. Electrochem. Soc. **108** (1961) 209.
[49] G. Zundel in: The Hydrogen Bond, hrsg. von P. Schuster et al., Chap. 15, North-Holland, Amsterdam 1976.
[50] M. Leuchs: Dissertation, Ludwig-Maximilian-Universität, München 1977.
[51] Ya. M. Kolotyrkin, R. M. Lazorenko-Manevič, V. G. Plotnikov, L. A. Sokolova: Elektrochimija **13** (1977) 695.
[52] Ja. M. Kolotyrkin, R. M. Lazorenko-Manevič, L. A. Sokolova, V. G. Plotnikov: Elektrochimija **14** (1978) 344.
[53] R. M. Lazorenko-Manevič, L. A. Sokolova, Ja. M. Kolotyrkin: Elektrochimija **14** (1978) 1779.
[54] H. J. Engell: Elektrochim. Acta **22** (1977) 987.
[55] W. E. O. Grady: J. Electrochem. Soc. **127** (1980) 555.
[56] H. Saito, T. Shibata, G. Okamoto: Corr. Sci. **19** (1979) 693.
[57] H. Worch, I. Garz, W. Schatt: Werkstoffe und Korrosion **24** (1973) 872.
[58] M. Smialowski, Z. Szklarska-Smialowska, M. Rychik; A. Szummer: Corr. Sci. **9** (1969) 123.
[59] P. Forchhammer, H. J. Engell: Werkstoffe und Korrosion **20** (1961) 1.

MIX
Papier | Fördert gute Waldnutzung
FSC® C083411

Zeitfracht Medien GmbH
Ferdinand-Jühlke-Straße 7
99095 Erfurt, Deutschland
produktsicherheit@kolibri360.de